BEI GRIN MACHT SICH IHR WISSEN BEZAHLT

- Wir veröffentlichen Ihre Hausarbeit,
  Bachelor- und Masterarbeit

- Ihr eigenes eBook und Buch -
  weltweit in allen wichtigen Shops

- Verdienen Sie an jedem Verkauf

Jetzt bei www.GRIN.com hochladen
und kostenlos publizieren

Heiko Lindner

Flussgeschichte der Donau

GRIN Verlag

Bibliografische Information der Deutschen Nationalbibliothek:

Die Deutsche Bibliothek verzeichnet diese Publikation in der Deutschen National-
bibliografie; detaillierte bibliografische Daten sind im Internet über http://dnb.d-
nb.de/ abrufbar.

Impressum:

Copyright © 2011 GRIN Verlag GmbH
Druck und Bindung: Books on Demand GmbH, Norderstedt Germany
ISBN: 978-3-656-06541-8

Dieses Buch bei GRIN:

http://www.grin.com/de/e-book/182768/flussgeschichte-der-donau

RWTH Aachen   28.06.2011

Geographisches Institut

Regionalseminar Rumänien

Sommersemester 2011

Hausarbeit

Flussgeschichte der Donau

Heiko Lindner

Heiko Lindner

4. Semester

B. Sc. Angewandte Geographie

Inhaltsverzeichnis

1 Einleitung

Die Donau ist mit ihren rund 2850 km der zweitlängste Fluss Europas und dazu der Einzige in Mitteleuropa, der nach Osten hin entwässert. Ab Kehlheim schiffbar, ist die Donau eine wichtige Wasserstraße und verbindet somit die unterschiedlichsten Wirtschaftsräume miteinander.

Auch wenn *Brigach und Breg die Donau zu Weg bringen*, gilt eine Quelle bei Donaueschingen als Donauquelle. Von hier aus durchfließt sie 10 Staaten bis sie in Rumänien ihr Delta erreicht und in das Schwarze Meer mündet.

So wechselvoll, wie die Landschaften und Kulturen entlang ihres Flusslaufes sind, so ist auch die Geschichte der Donau - verbunden mit einem langen, immer noch anhaltenden Kampf mit dem Rhein um ihr Einzugsgebiet.

In der vorliegenden Arbeit soll nun die Flussgeschichte der Donau chronologisch aufgearbeitet werden.

Zunächst wird ein kurzer Überblick über Grundlagen der Flusslaufentwicklung gegeben. Hier sollen Begriffe bzw. Prozesse, die auch für die Flussgeschichte der Donau relevant sind, definiert werden.

Darauf folgt die Entwicklung der Donau in chronologischer Reihenfolge ab dem Miozän. In den folgenden Epochen werden jeweils Schlüsselereignisse aufgegriffen und behandelt. Es wird dabei versucht auf Ereignisse und Entwicklungen einzugehen, die in den verschiedenen Räumen entlang des heutigen Flusslaufs stattfanden und -finden. Zum Abschluss wird kurz auf den Faktor Mensch eingegangen, der mit seinen nachhaltigen Eingriffen aktiv in die weitere Entwicklung der Donau eingreift.

2 Grundlagen und Definitionen ausgewählter fluvialer Prozesse

2.1 Flussterrassenbildung

Flussterrassen sind ehemalige Talböden eines Flusses und häufig in Sohlentälern zu finden. Nach einer Phase der Sohlenbildung tieft sich der Fluss erneut ein. Dabei Wechseln sich Phasen von Akkumulation und Seitenerosion mit Phasen der Tiefenerosion ab, sodass Terrassentreppen entstehen. Ein weiterer Faktor bei der Terrassierung ist der Wechsel der Klimate bzw. der Wechsel zw. Warm und Kaltzeiten (Gebhardt et al. 2007: 295, Zepp 2008:168 f.).

2.2 Rückschreitende Erosion

Als rückschreitende Erosion wird das Eintiefen des Flussbetts flussaufwärts bezeichnet. Die Mündung des Flusses bildet dabei die Erosionsbasis. Wird diese nun tektonisch abgesenkt oder der Oberlauf des Flusses gehoben - es also zu einer größeren Basisdistanz kommt - und somit das Gefälle vergrößert wird, wird ein Eintiefungsimpuls ausgelöst, der sich flussaufwärts fortpflanzt (Zepp 2008: 160).

2.3 Durchbruchstäler und Flussanzapfung

Flussanzapfungen und zum Teil auch Durchbruchstäler gehören zu den Sonderformen einer tektonisch initiierten Talentwicklung (Zepp 2008: 170).

Bei der Flussanzapfung wird eine Wasserscheide zwischen zwei Flusssystemen durch rückschreitende Erosion durchbrochen. Dabei wird das Einzugsgebiet des angezapften Flusses verkleinert; ein Teil fällt somit dem anzapfenden System zu. Ursache für diesen Prozess ist der in Kap. 2.2 beschriebene Eintiefungsimpuls (ebd.).

Durchbruchstäler werden in antezedente, epigenetische und Überlauf-Durchbruchstäler unterschieden. Erstere entstehen durch die Heraushebung eines Gebirges bei bereits präsentem Flusslauf. Die Erosionsrate entspricht dabei der der Hebung. Epigenetische Durchbruchstäler entstehen durch die Entfernung von Lockersedimenten, die zuvor Berg- oder Härtlingsrücken bedeckten. Werden diese Rücken nun freigelegt, kann sich der Fluss in diese per Tiefenerosion einschneiden.

Überlaufdurchbruchstäler bilden sich durch das Überlaufen eines natürlichen Stausees über dessen Sperre (z.B. Schuttmasse). Durch diese Sperre wird das Gefälle erhöht, sodass sich der Fluss wiederum durch rückschreitende Erosion in diesen „Staudamm" eintiefen kann (Zepp 2008: 170 ff.).

3 Chronologie der Donau

3.1 Miozän - Wegbereitung für die Urdonau

Obwohl die Donau bis zum Ende des Miozäns noch nicht zu belegen ist, sind hier jedoch einige Faktoren für die Entstehung und weitere Entwicklung des Flusses von Bedeutung.

Im Alpenvorland entstand im Tertiär, sowohl aus marinen, brackigen als auch limnischen Sedimentationsschichten, das bis zu mehrere Tausend Meter mächtige Molassebecken. Die Obere Süßwassermolasse bildet dabei die jüngste Schicht. Sie entstand durch Sedimentation des Erosionsmaterials der sich hebenden Alpen, welches durch Flüsse während des Oberen Miozän abgetragen wurde (Rothe 2009: 194, Henningsen/Katzung 2006: 141 f.).

Hinzu kamen die Einwirkungen des Ries-Ereignisses vor rund 15 Millionen Jahren. Durch die Impakte eines Meteoritenschwarms in Mitteleuropa, wurde östlich des Nördlinger Ries eine große Fläche, die bis Niederösterreich reicht, nivelliert. Dabei wurden zahlreiche Berge zerstört und die entstandene Auswurfmasse anschließend erodiert (Rutte 1987: 26 ff.). Die Mittelachse dieser Fläche bildete daraufhin die „bis heute wirksame Gewässersammelschiene der Südlichen Frankenalb" (Rutte 1987: 27). Weiter bestimmte der aufgeschüttete Auswurf den späteren Verlauf der Donau (Rutte 1987: 33).

Eine Wasserscheide beim heutigen Amstetten, die durch eine Hebung zwischen dem Böhmischen Massiv und den Alpen entstand, verhinderte zunächst den Abfluss in das Wiener Becken bzw. Richtung Osten womit eine Entwässerung nach Westen vorgegeben war (Blühberger 1996: 42, Rutte 1987: 34).

Die Graupensandrinne stellte dabei ein erstes großes Flusssystem dar, welches als Vorfluter für die in das Molassebecken mündenden Flüsse mit der Hauptentwässerungsrichtung Ost-West diente (Rothe 2009: 194).

Blühberger (1996) geht zu dieser Zeit von „einem Zusammenfluss mehrerer Gewässer [bei Krems], die von dort in Richtung Wiener Becken flossen" (Blühberger 1996: 57) aus. Dieser Zusammenfluss soll vor rund 10 Millionen Jahren begonnen haben und von da an sein Einzugsgebiet kontinuierlich nach Westen erweitert haben - zunächst ebenfalls begrenzt durch die Schwelle von Amstetten. Die damit verbundene Taleintiefung stellte eine weitere Komponente für die Entstehung der Donau dar (ebd.).

Ferner wurden im oberen Miozän die Westalpen und im Zuge dessen auch der Schwarzwald insgesamt schneller gehoben als die Ostalpen, weshalb sich die Entwässerungsachse umkehrte. Somit war mit der Änderung der Abflussrichtung eine der ersten Voraussetzung für die Donau mit ihrer West-Ost Orientierung geschaffen (Habbe 2002: 600 f.). Auch vom Ries-Ereignis wird angenommen, dass dieses die Hebung des Südschwarzwaldes und der Schwäbischen Alb begünstigte (Rutte 1987: 35).

3.1.1 Pannonsee und Entstehung des „Eisernen Tores"

Weiter östlich, also dem zukünftigen Donauverlauf folgend, wurde im Miozän die Paratethys, die sich zunächst vom Alpenvorland bis zum Aralsee erstreckte, durch Trennung von den Weltmeeren zu einem brackigen Flachmeer (Leever et al. 2010: 1, Blühberger 1996: 50).

Im späten Miozän wurden die zentrale (bzw. westliche), wie die östliche Paratethys durch die Hebung der Südkarpaten von einander getrennt. Durch back-arc-Ausdehnung entstand so das Pannonische Becken im Westen mit seinem äußerst westlichen Ausläufer dem Wiener Becken. Östlich der Südkarpaten entstand das Dazische Becken in Vorlandposition. Es war dabei zunächst noch mit der östlichen Paratethys verbunden (Abb. 3.1) (Leever et al. 2010: 1f.). Im Sarmat wurde die fast vollständige Trennung beider Becken erreicht, wodurch der Pannonsee entstand (Leever et al. 2010: 3). Dieser See wurde durch ihm tributäre Gerinne gespeist, wobei er jedoch starken, klimabedingten Wasserspiegelschwankungen um einige Zehnermeter bis hin zu 200 m unterlag, wie Strandterrassen heute zeigen (Leever et al. 2010: 5). Dieser See ist jedoch nicht als ein reiner Endsee zu verstehen, da eine permanente Verbindung zum Dazischen Becken bestanden haben muss. Für diese These sprechen sowohl Fossilien einer Ursprünglich endemischen Fauna des Pannonsees, die im Bereich des Dazischen Beckens gefunden wurde, als auch die abnehmende Salinität des Sees während des Pannons (Leever et al. 2010: 19 f.).

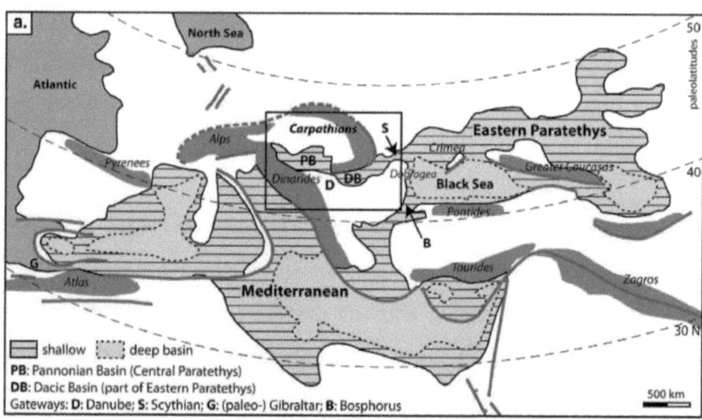

Abb. 3-1: Lage und Ausdehnung des Pannonischen und des Dazischen Beckens (PB, DB) sowie der Parathetys (Quelle: Leever et al. 2010: 19 f.).

Weiter wurde der fluviale Einschnitt sowohl durch das Absinken des Meeresspiegel im Dazischen Becken während des Messin (ebd.), als auch durch die unterschiedliche Erosionsresistenz der Südkarpaten im Bereich von Störungen begünstigt. Hierdurch glichen sich die Hebungs- und Erosionsrate der Barriere an (Leever et al. 17). Somit war das heute als Eisernes Tor bekannte Durchbruchstal der Donau bereits vorgeprägt.

3.2 Pliozän

Für das Pliozän gibt es für eine Dokumentation der Donau nur wenige Beweise (Rutte 1987: 58). Zum Ende des Altpliozän erreicht sie ihr größtes Einzugsgebiet. Es treten zu dieser Zeit die größten Flusslaufänderungen auf, auf die im Weiteren näher eingegangen werden soll.

Die Donau, wie sie ihrem heutigen Ausmaß entspricht, ist zu Beginn des Pliozän zunächst jedoch noch nicht zu belegen (Rutte 1987: 50).

Es ist hier lediglich ein „Gewässer vor dem Bayerischen Wald mit Fließrichtung Oberösterreich" (Rutte 1987: 50) annehmbar. Welches die Schwelle von Amstetten durchbrochen bereits durchbrochen hat. Dieses vorsichtig als „Urdonau" zu bezeichnende Fließgewässer mündete schließlich in das Wiener Becken und damit in die Paratethys (Rutte 1987: 50 f.). An anderer Stelle wird jedoch angenommen, dass das Einzugsgebiet einiger Zuflüsse zum Wiener Becken bereits vor 7 Millionen Jahre mit der äußersten Westausdehnung das heutige Ulm erreichte. Zu den ersten Zuflüssen zählen Ybbs, Enns und Traun. Später wurde das Gewässernetz mit der Ausdehnung des Systems nach Westen immer weiter ausgebaut (Blühberger 1996: 58).

3.2.1 Altpliozän - Aaredonau

Zum Ende des Altpliozän bzw. vor etwa 4 Millionen Jahren erreicht die Donau ihr größtes Einzugsgebiet (Blühberger 1996: 58). Dabei lag ihre Quelle im Aaremassiv, also im Berner Oberland (s. a. Abb. 3.2). Ihr Hauptquellast war damit vermutlich die Aare, die durch die Faltung des Schweizer Faltenjura in Richtung Urdonau gelenkt wurde.

Der wichtigste Zufluss der Urdonau war jedoch der Alpenrhein, welcher große Teile der Nordalpen entwässerte und damit das Abflussvolumen der Urdonau überwiegend bestimmte (Rutte 1987: 53, Blühberger 1996: 57 f., Keller 2010: 196). Der Alpenrhein wurde durch einen Schwemmfächer der Seez (einem schweizerischen Fluss) abgelenkt, so dass dieser nicht zur Aare hin abfließen konnte. Er floss durch das zu dieser

Zeit noch nicht eingetiefte Bodenseegebiet und mündete im Bereich Ehingen in die Urdonau. Diese bewegte sich dort in großen Schleifen durch das ebene Gelände. Hier passierte sie auch das heutige Wellheimer Trockental (Blühberger 1996: 60).

Das Gewässernetz umfasste zusätzlich, als weitere wichtige Nebenflüsse, die Feldbergdonau aus Nordwesten, den Ur-Main aus Norden, der bei Dollnstein in das spätere Altmühltal mündete, sowie den Inn und die Salzach aus südlicher Richtung (Blühberger 1996: 58).

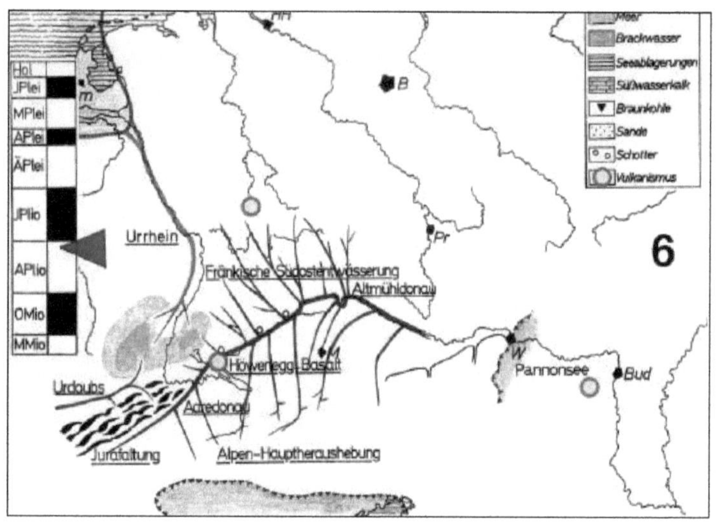

Abb. 3-2: Der Lauf der Aaredonau bis zur Mündung im Wiener Becken (Quelle: Rutte 1987: 52)

Der Lauf der Urdonau befand sich insgesamt etwas nördlich der heutigen Donau und lief um die Auswurfmassen des Nördlinger Ries' herum, um dann in die durch das Riesereignis entstanden Rinne zu fließen (Rutte 1987: 54). Wenige Kilometer östlich des Ries' im Bereich der Altmühlalb zeichneten sich erste Anzeichen des tief eingeschnittenen Tals der (zw. Donauwörth und Kelheim sogenannten) Altmühldonau ab (Rutte 1987: 54, Meyer/Schmidt-Kahler 1991: 10).

Weiter entstanden durch natürliche Staumauern die Beckenlandschaft des Donauried sowie diverser anderer Becken, wie das Linzer Becken und die Pöchlarner Weitung westlich der Wachau (Blühberger 1996: 64 u. 67 f.).

Im Bereich der Wachau kam es mehrfach zu Talwechseln, alte Täler im Gestein des Böhmischen Massivs, welche durch Sedimente der Voralpen verschüttet wurden

wurden erneut ausgeräumt. Vermutlich floss sie zunächst weiter südlich und wurde durch Ablagerungen weiter nach Norden gedrängt. Die Enns und die Ybbs mündeten zu dieser Zeit gemeinsam in die Urdonau (Blühberger 1996: 69 f.).

Das relativ schwer erodierbare Gestein der Wachau stellte für die Donau und ihre Vorläufer ein Hindernis dar. Hier nutzt die Donau tektonische Störungen, wie die Diendorfer Störung, als Schwachstellen. An diesen Bruchzonen konnten sich die Flüsse leichter eintiefen. Im weiteren Verlauf weicht das Wachautal von der Haupt-störungszone ab und folgt einer Nebenstörung. Es ist also möglich, dass es hier durch Erdbeben zu Massenverlagerungen, wie Hangrutschungen, kam und somit auch zu Flusslaufverlegungen (Blühberger 1996: 71 ff.).

Mit Austritt aus dem Engtal der Wachau mündete die Urdonau in einem breiten Flussbett. Aufgrund des geringen Gefälles bildete sich ein verwildertes Flusssystem mit der entsprechenden Sedimentation von groben Schottern (Rutte 1987: 65, Blüh-berger 1996: 71 ff.).

Bei Wien existieren keine geologischen Beweise für ein Fließgewässer das der Do-nau entspricht. Sedimente dieser Zeit sind zunächst „noch „kaspibrackisch", später aber ausgesüßt" (Rutte 1987: 56), was auf den noch währenden Einfluss des Pannonischen Beckens bzw. des Pannonsees hinweißt. Hier befinden sich über den relativ jungen Donauterrassen die ehem. Strandterrassen des Pannonsees. Die An-lage der ältesten Terrasse geht auf 6 Ma vor unserer Zeit zurück (Blühberger 1996: 127 f.). Somit mündete die Donau zu dieser Zeit im Wiener Becken und damit im Pannonsee.

3.2.2 Jungpliozän - Avernensisdonau

Im Westen kam es während des Jungpliozäns zu großen Flusslaufveränderungen. Der Quellfluss der Urdonau, die Aare, wendete sich, mit dem Sundgaustrom als Vor-fluter und das Tal der Rhône nutzend, dem Mittelmeer zu (Rutte 1987: 63, Keller 2009: 2, Habbe 2002: 599). Verantwortlich hierfür zeichnete sich die weitere Heraus-hebung des Schweizer Juras und des Schwarzwaldes bzw. die Absenkung des Oberrheingrabens (Rutte 1987: 58, Keller: 2, Liedtke/Marcinek: 599). Darauf folgte eine weitere Ablenkung der Aare - diesmal zum Oberrhein (Keller 2009: 2).

Ein vom Feldberg kommender, kleiner Nebenfluss bildete nun den Anfang der Donau (Rutte 1987: 63, Habbe 2002: 600).

Im pannonischen Raum geht zu dieser Zeit das Meer immer weiter zurück, sodass die Urdonau zunächst den westlichen Teil der Kleinen Ungarischen Tiefebene erreicht. Hier nutzt sie zunächst das heutige Raab-Tal mit südlicher Flussrichtung und mündet im Binnenseesystem der Großen Ungarischen Tiefebene (Pecsi 1959: 312). Damals war das Ungarische Mittelgebirge noch wesentlich niedriger als heute. Durch die ständige Akkumulation von Sedimenten in der Kleinen Ungarischen Tiefebene durch die Donau, wurde das Niveau der Ebene der Gebirgshebung (Abb. 3.3) stetig angeglichen. Somit stellte das Mittelgebirge zunächst keine große Barriere für die Donau dar (ebd., Fink 1966: 27, Gabris et al. 2010: 2764).

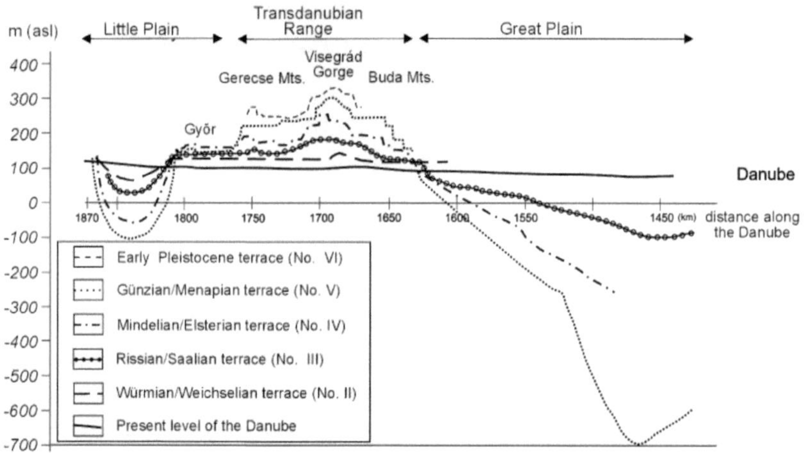

Abb. 3-3: Die Hebung des Ungarischen Mittelgebirges im Bezug zur Sedimentation (Quelle: Gabris/Nador 2007: 2760).

3.3 Pleistozän

3.3.1 Ältestpleistozän - Eintiefung des Donautals

In der Arvernensiszeit, also im Übergang Pliozän-Pleistozän sind viele Ströme aus Norden - genauer, aus Thüringen und Franken - der Feldbergdonau tributär. Mit einer tektonischen Hebung zwischen Schwarzwald und Mittelfranken, die zeitgleich mit einer Senkung im Rhein-Main-Gebiet einher geht, werden der Feldbergdonau zahlreiche Zuflüsse abgeschnitten. Die Arvernensisströme sammeln sich in dieser Senke und bilden somit den Main (Rutte 1987: 72 ff., Habbe 2002: 603).

Die Feldbergdonau schneidet sich in dieser Zeit stark ein und bildet die heutigen Terrassen.

Insgesamt bleibt jedoch der Flusslauf in den oberen - denen der Feldbergdonau und der Altmühldonau - bzw. in den mittleren Abschnitten - den heutigen - gleich. Im unteren Donauabschnitt kam es erst zu einer allmählichen Trockenlegung des Pannonischen Beckens, sodass nur noch ein Restsee vorhanden war, der jedoch über das Eiserne Tor hin zum Dazischen Becken entwässerte. (Fink 1966: 33).

Im oberen Abschnitt werden im Ältestpleistozän Terrassen angelegt; das Niveau der Talsohle wird bereits zu dessen Ende hin erreicht. Diesem Mechanismus liegt ebenfalls der zuvor genannten Hebungsvorgang zugrunde (Rutte 1987: 74 f.). Ausserdem kommt es durch die Vergletscherung während des Donau-Kaltzeitenkomplexes zum Versagen des Alpenrheins, der jedoch beim Abschmelzen der Gletscher der Donau erneut zufloss. Ähnliches gilt für den Günz-Komplex (Keller: 199 ff.).

Die Terrassen des mittleren Abschnitts werden verstärkt zu den Kaltzeiten angelegt. Diese ältesten Terrassen haben auf der gesamten Strecke einen, mit dem der jüngeren vergleichbaren, Aufbau (Fink 1966: 35).

3.3.2 Mittelpleistozän - Ablenkung des Alpenrheins und Laufverkürzung

Im Mittelpleistozän konnte, bedingt durch den Rheingletscher des Mindelglazials, zunächst ein Gletscherstausee entstehen, welcher bereits nach Westen hin entwässerte. Durch die entstehenden Erosionsrinnen und zusätzlich begünstigt durch eine tektonische Senkung des Hegaus, konnte ein Durchbruch geschaffen werden (Keller: 2009: 205).

Über diesen wurde letztendlich der Alpenrhein nach Westen ins heutige Bodenseegebiet geleitet, wodurch der Donau dieser Zufluss gekappt wurde (Rutte 1987: 117 f., Keller 2009: 206).

Im Alpenvorland entwickelte sich weiter flussabwärts in Form einer Laufverkürzung eine weitere Veränderung. Während die Altmühldonau bislang ihr Bett im Wellheimer Trockental, sowie im Altmühltal hatte, kam es durch die Schotterakkumulation der Vorlandvergletscherung und durch den Einfluss des Permafrostes, sowie der darauf folgenden Überlaufdurchbrüchen zu Talwechseln (Habbe 2002: 609 f.)

Dabei wird dieses, auf das Ende der Riss-Kaltzeit datierte, Ereignis durch die Eintiefung eines Nebenflusses (Weltenburger Nebenfluss) ausgelöst. Die Donau folgt dem Bett der Schutter. Später wird das Schuttertal wiederum durch die rückschreitende Erosion eines kleinen Nebenflusses angezapft und die Donau in das heutige Flussbett geleitet (Rutte 1987: 120 f.).

3.3.3 Jungpleistozän

Die Glaziale und Interglaziale des (Jung-)Pleistozäns brachten in den einzelnen Donauabschnitten eine vielgliedrige Terrassenbildung mit sich (Abb. 3-4). Diese beruhten in den oberen Abschnitten auf klimatischen, in den Mittleren und Unteren auf tektonischen und/oder auf eustatischen Voraussetzungen (Fink 1966: 34 ff.).

So besitzen die Terrassen des Ältestpleistozän, bis hin zu den jüngeren, im oberen Abschnitt jeweils einen ähnlichen Aufbau (Abb. 3-4). Dabei besitzen diese Kryoturbationen, die durch die periglazialen Bedingungen entstanden, jeweils einen ebenen Terrassensockel, der durch Erosion zu Beginn der Kaltzeiten entstand, Blockpackungen aus grobem Material sowie fossilen Böden, welche auf eine Pedogenese während der Interglaziale zurück ging und deren Ausmaß von dem des Interglazials abhing und darauf eine Schicht äolischer Sedimente (ebd.).

Im Wiener Becken und noch stärker im Bereich des ungarischen Stromabschnitts geht die Akkumulation mächtiger Schotterkörper auf die tektonischen Hebungs- und Senkungsvorgänge zurück. Die zuvor erwähnten breiten Täler der Ebenen boten dabei die Möglichkeit große Schwemmkegel abzulagern, welche immer wieder terrassenförmig erodiert wurden (vgl. Kap. 2.2 u. 2.3). Solche Schüttungen sind besonders flussabwärts der Durchbrüche (bei Budapest und dem Eisernen Tor) anzutreffen (Fink 1966: 36).

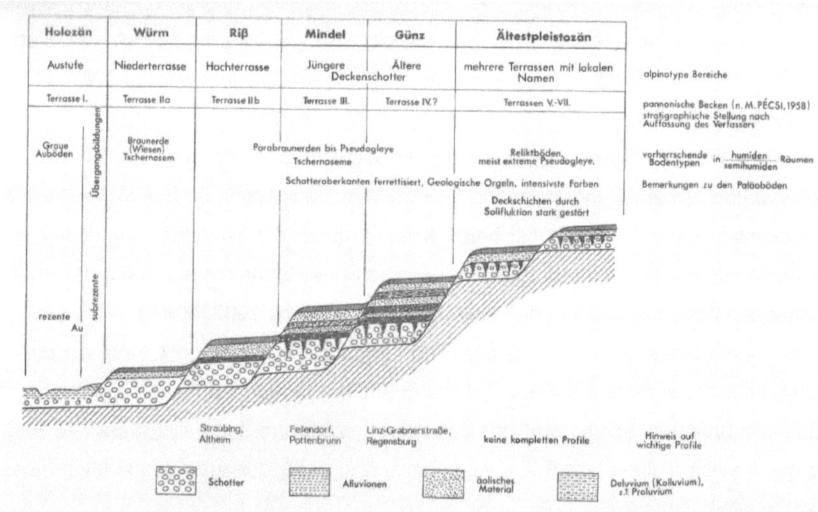

Abb. 3-4: Vielgliedrige Donauterrasse und ihre Stratigraphie

Im untersten Abschnitt beruht die Terrassenbildung auf dem eustatischen Einfluss bzw. auf den Meeresspiegelschwankungen während der Kalt- und Warmzeiten und macht sich „vorwiegend in einer starken Übertiefung des Tales während der Regressions-(= Kalt-)phasen" (Fink 1967: 37) bemerkbar.

Ebenfalls wurde im Jungpleistozän das Donaudelta angelegt. Die Entstehung beruht dabei insbesondere auf allgemeinen Absenkungsbewegungen des Raumes und der damit verbunden mit Sedimentation. Während der Würm-Kaltzeit kam es zur größten Regression und damit zum Fall des Meeresspiegels um rund 100 m. Dabei wurden seitens der Donau große Mengen der zuvor akkumulierten Sedimente erodiert und zum Schwarzmeerschelf verlagert (Muntenau 1996: 41, Giosan et al: 406). Es entstand ein verlängertes Donautal, das direkt mit einem jungen *levee* des heutigen Deltas verbunden ist und in Nordwest-Südostrichtung seewärts verläuft. Dieses war jedoch nur zu den Tiefstständen des Meeresspiegels - also zu den Kaltzeiten - aktiv (Popescu et al. 2004: 3 f.).

3.4 Holozän

Seit Ende des Pleistozän hat sich der Lauf der Donau nicht nennenswert verändert. Heute wird die Donau per Definition in drei Teile unterteilt (Donaukommission 2010):
- obere Donau: Quelle bis Gönyű (Flusskilometer 2783 - 1791)
- mittlere Donau: Gönyű bis Eisernes Tor (km 1791 - 931)
- untere Donau: Eisernes Tor bis Mündung (km 931 - 0).

An ihrem Oberlauf entspricht sie weiterhin einem typischen Gebirgsfluss. Ab Passau wird die Strecke durch sich abwechselnde, enge und breite Passagen gekennzeichnet. An diesen breiteren Stellen wird sie z. T. instabil und fächert sich in Nebenarme auf. Im weiteren Verlauf mäandriert sie stark, jedoch mit größeren Radien und längeren Geraden als im Oberlauf (Donaukommission 2010).

Im unteren Donauabschnitt stellt die Donau einen Flachlandfluss dar, mit langgezogenen Kurven und breiten Tälern, bis sie in das Schwarze Meer mündet (ebd.).

Im folgenden Kapitel wird neben der Donauversickerung (als ein rezenter, natürlicher), insbesondere auf die anthropogenen Einflüsse auf die Donau eingegangen. Hierzu gehören wiederum überwiegend wirtschaftliche Ansprüche, wie die Regulierung zur Schiffbarmachung und Stromerzeugung, aber auch der Hochwasserschutz.

3.4.1 Das heutige Einzugsgebiet

Das heutige Einzugsgebiet der Donau erstreckt sich über 801.483 km² (BMU 2006:
1). Abbildung 3.5 zeigt dazu die Ausdehnung des Einzuggebiets. An das Einzugsgebiet sind insgesamt 18 Staaten angeschlossen. Tabelle 3.1 gibt Auskunft über die
Anteile der Anrainerstaaten am Einzugsgebiet sowie der Länge der Donauufer.

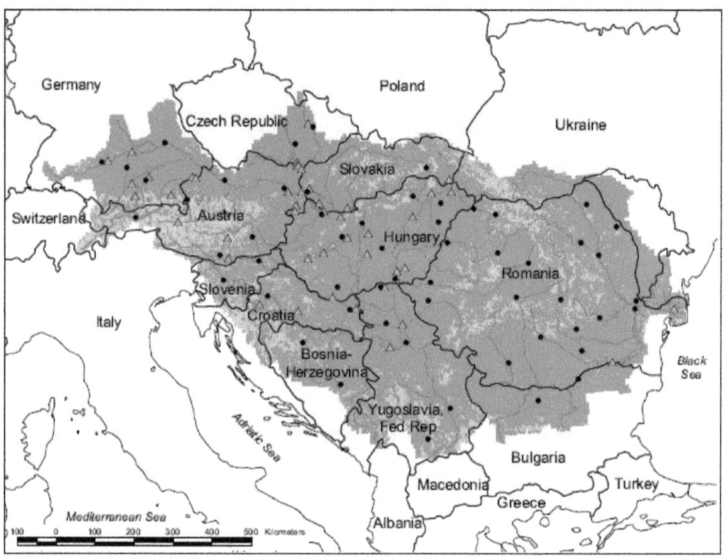

Abb. 3-5: Einzugsgebiet der Donau und ihre größeren Nebenflüsse (Quelle: WRI 1998)

Tab. 3-1: Anteile an Einzugsgebiet und Flussstrecke der Staaten. Hinzu kommen Schweiz, Italien
Polen und Albanien: Einzugsgebietsanteil je <0,2% (Daten: [1]Donaukommission 2010, [2]BMU 2006: 1).

Staat	Flusskilometer[1]	Einzugsgebiet[2]
Deutschland	655,3	7%
Österreich	350,5	10%
Slowakische Rep.	172,06	5,90%
Ungarn	417,2	11,70%
Slowenien	-	2%
Kroatien	137,5	4,40%
Serbien-Montenegro	587,35	11,10%
Bosnien-Herzegowina	-	4,60%
Rumänien	1075	29%
Bulgarien	471,55	5,90%
Moldawien	0,57	1,60%
Urkaine	53,94	3,80%

3.4.2 Donauversickerung

Als ein Beispiel für den noch fortwährenden „Kampf" zwischen Rhein und Donau um die europäische Wasserscheide, sei hier eine rezente, geogene Veränderung des Einzugsgebiets von Donau und Rhein genannt.

Im Karst der Malmkalke versickert bei Immendingen das Wasser der Donau zum Teil vollständig, um im 12 km weit entfernten Aachtopf als größte Karstquelle Deutschlands wieder an die Oberfläche zu gelangen (Habbe 2002: 617). In dem hierfür verantwortliche Höhlensystem werden unterirdische Seen mit einem Gesamtvolumen von 7 Millionen Kubikmeter Wasser vermutet (Blühberger 1996: 178). Ausgehend von dieser Quelle fließt das Wasser mit einem Volumen von 1,3 - 24,8 m³/s, in Abhängigkeit des Füllstands der Speicher bzw. der Jahreszeiten, in den Bodensee und damit dem Rhein zu (Rutte 1987: 135). Auch hier gibt es, wie so oft seit dem Auftreten des Menschen, anthropogene Veränderungen im Flusslauf, begründet im Bestreben die Natur zu bändigen. Nachdem durch die Gemeinde Tuttlingen vielfach versucht wurde die Versickerungsstellen zu stopfen, um einen Mindestabfluss auf ihrem Gebiet zu erhalten, wurde letztendlich durch den Donaustollen ein gewisses Volumen abgeführt und um das Karstgebiet geleitet und unter anderem zur Stromerzeugung genutzt (Blühberger 1996: 178, Regierungspräsidium Tübingen 2009: 36).

3.4.3 Anthropogene Einflüsse - Schifffahrt und Regulierung

Weit vor ihrer Nutzung im Fernhandel des Mittelalters, kam der Donau eine große Bedeutung als Versorgungsachse im römischen Reich und als Transportweg während der Völkerwanderung zu. Später entstand eine eigene Donau-Dampfschifffahrtsgesellschaft. Die Modernisierung der Flotte bzw. die Entwicklung neuer Technologien führte zu immer größeren Schiffen und Frachten (Dosch 2004).

Die Donau ist als Ost-Westverbindung, mit einem Gesamttransportaufkommen von rund 10.000.000 t/a, heute eine wichtige internationale Wasserstraße (Donauschifffahrt 2006).

Insgesamt sind (von Kehlheim bis zur Mündung) 2414 km schiffbar. Das Regulierungsniedrigwasser wird mit einem Abfluss von 910 m³/s angegeben; der Mittelwasserabfluss mit 1910 m³/s (Donauschiffahrt 2006).

Zur ganzjährigen Schiffbarkeit muss die Donau reguliert werden, da der Pegel auf Grund der unterschiedlichen Klimate nach Jahreszeiten variiert.

Zur Regulierung dienen 18 Flusskraftwerke auf der gesamten Strecke. Hier wird das Wasser durch Wehranlagen gestaut, der Abfluss wird über Turbinen zur Energiegewinnung genutzt. Die Durchgängigkeit (bzw. die Überwindung der entstandenen Höhenunterschiede) für Schiffe wird dabei durch Schleusen ermöglicht. 16 der 18 Schleusenanlagen befinden sich wegen des starken Gefälles (ca. 37 cm/km) im oberen Abschnitt und zwei am Eisernen Tor (Liebmann /Reichenbach-Klinke 1967: 2, Donauschifffahrt 2006). Weitere wasserbauliche Maßnahmen die entlang der Donau durchgeführt wurden, waren zusätzliche Begradigungen und das Abschneiden von Altarmen (Liebmann/Reichenbach-Klinke 1967: 2 f.).

Aufgrund der Bedeutung als Transportachse ist es klar, dass sich entlang der Donau zahlreiche Siedlungen wie auch (Groß-)Städte befinden. Diese wurden im Laufe der Zeit immer wieder von Überschwemmungen durch Hochwasser heimgesucht. So dient die Regulierung auch dem Hochwasserschutz. Wien wurde beispielsweise bis zum 19. Jahrhundert teils massiv überflutet. Um dem entgegen zu wirken, wurde bereits 1875 ein künstliches Flussbett angelegt (Klusacek/Stimmer 1978). Später dienten auch hier Begradigungen, Dämme, das Eindeichen und die Befestigung der Ufer als Hochwasserschutzmaßnahmen (Liebmann /Reichenbach-Klinke 1967: 2, Bartmann 2006: 64). Da diese nicht den gewünschten Erfolg brachten greift man nun auf naturnähere, nachhaltigere Maßnahmen zurück, wie der Reaktivierung natürlicher Retentionsräume und der Renaturierung des Flussbetts (Bartmann 2006: 64, FGP 2006).

3.4.4 Gewässergüte

Die Gewässergüte ist ebenso von den Wasserbau- als auch von den Siedlungsmaßnahmen abhängig (Liebmann /Reichenbach-Klinke 1967: 2 f.). Auf weiten Strecken lag die Gewässergüte in 2002 bei II - III (im Jahre 1995: II-III bis III; s.a. Tab. 3.2).
Im oberen Abschnitt tendiert sie eher zu Klasse II, in wenigen Bereichen jedoch zu II-III. Der Mittellauf weist zu Beginn eine Güteklasse von II auf, im Bereich des Eisernen Tores kommt es durch den Stau zu einer höheren Belastung (Klasse III). Außerdem wirken sich mäßig belastete Nebenflüsse auf die Güte dieses Abschnitts aus.
Der untere Donauabschnitt besitzt eine hohe Selbstreinigungskraft. Hier werden an nur wenigen Punkten ungeklärte Abwasser eingeleitet sodass nur punktuell Güteklassen von III erreicht werden, sonst überwiegend II - III. Ähnliches gilt für das Delta.

Immer noch existieren in Bulgarien und Rumänien übermäßig verschmutzte Neben-flüsse (bis Klasse IV), die die Donau streckenweise stark belasten (Int. AG Donaufor-schung 2004a: 1 f., Int. AG Donauforschung 2004b).

Tab. 3-2: Erläuterung der Gewässergüteklassen (eigene Darstellung nach, Int AG Donauforschung 2004a/b)

Gewässergüteklassen	Belastung
I	unbelastet bis sehr gering belastet
I - II	gering belastet
II	mäßig belastet
II - III	kritisch belastet
IV	stark verschmutzt
III - IV	sehr stark verschmutzt
IV	übermäßig stark verschmutzt

4 Fazit

Die Donau musste, um ihre heutige Ausdehnung zu erreichen eine äußerst wechsel-volle Entwicklung machen. Der Flusslauf wurde oftmals geändert. Zahlreiche Lauf-verkürzungen waren die Folge des sich immer weiter gen Süden und später auch ostwärts ausdehnenden Einzuggebiets des Rheins. Dieser Konflikt reicht noch bis in die heutige Zeit.

Dabei veränderte die Donau auch ständig die Landschaft, die sie durchfloss und noch durchfließt.

Tektonische Hebungen sorgten in zahlreichen Fällen für die Entstehung von Durch-bruchstälern. In deren Vor- und Hinterland bildeten sich Akkumulationen von Sedi-menten, insbesondere in den Tiefebenen Südosteuropas, also im Bereich der vor-zeitlichen Meere und deren Relikte insbesondere während der Kaltzeiten.

So entstanden durch die Erosionsleistung der Donau ebenso Täler, die in der Zwi-schenzeit verlassen wurden und/oder nun von anderen Gerinnen durchflossen wer-den.

Diese hier betrachteten überwiegend geologischen und paläogeographischen The-men bieten ein weites Forschungsfeld. Dies ist unter anderem an der Fülle der Er-eignisse, dem langen Zeitraum, aber auch an der Größe des betrachteten Raumes festzumachen. Auch die bereits geleistete Forschungsarbeit zeugt hiervon.

Mit dem Auftreten des Menschen wurde die Donau zum wichtigen Transportweg. Diese Entwicklung blieb natürlich nicht ohne Folgen: so wurde der Abfluss der Donau reguliert, um diese dauerhaft schiffbar zu machen. Siedlungen und später die Industrie sorgte mit der Einleitung von Abwässern für eine starke Belastung des Stromes. Inzwischen ist der Oberlauf weitgehend saniert. Im Mittel- und Unterlauf ist die Belastung dagegen noch vergleichsweise hoch. Die noch zu erwartende Entwicklung scheint für die Donau günstig und ist weiter zu verfolgen.

5 Literaturverzeichnis

Bartmann, H. (2006): Wasserrettung - Gewässer und Wasserbaukunde, Taktik, Technik, Hochwasser. Kelheim: Ecomed.

Blühberger, G. (1996): Wie die Donau nach Wien kam. Wien, Köln, Weimar: Böhlau Verlag.

BMU (Hrsg.)(2006): Naturathlon 2006 - Das Fluss-Einzugsgebiet: Donau. Berlin: Bundesministerium für Umwelt, Naturschutz und Reaktorsicherheit.

Donaukommission (2010): Die Donauschifffahrt - Allgemeines über die Donau. Budapest.
< http://www.danubecom-intern.org/ > [abgerufen am 27.06.11]

Donauschifffahrt (2006): Donauschifffahrt - Daten und Fakten. Via Donau. Wien: Österreischische Wasserstraßengesellschaft.
<http://www.donauschifffahrt.info/daten_fakten/> [abger. am 27.06.11]

Dosch, F. (2004): Geschichte der Donauschifffahrt. Via Donau. Wien: Österreischische Wasserstraßengesellschaft.
<http://www.donauschifffahrt.info/daten_fakten/verkehrsweg_donaugeschichte/>
[abger. am 27.06.11]

Fink, J. (1966): Die Paläogeographie der Donau. In: Liepold, R. (Hrsg.) (1967): Limnologie der Donau. Stuttgart: Schweizerbart'sche Verlagsbuchhandlung, Lieferung 2, S. 1-50.

FGP (2006): Flussbaulisches Gesamtprojekt. Via Donau. Wien: Österreischische Wasserstrassengesellschaft.
<http://www.donau.bmvit.gv.at/index.php> [abger. am 27.06.11]

Gabris, G./Nador, A. (2007): Long-term fluvial archives in Hungary: response of the Danube and Tisza rivers to tectonic movements and climatic changes during the

Quarternary. A review and ne synthesis. In: Quarternary Science Reviews 26, S. 2758 - 2782.

Gebhardt, H./Glaser, R./Radtke, U./Reuber, P. (Hrsg.) (2007): Physische Geographie und Humangeographie. Heidelberg: Spektrum.

Giosan, L. et al. (2005): River Delta Morphodynamics: Examples From the Danube Delta. In: SEPM, Special Publication No. 83, S. 393 - 411.

Habbe, K. A. (2002): Das deutsche Alpenvorland. In: Liedtke, H. & Marcinek, J. (Hrsg.) (2002³): Physische Geographie Deutschlands. Gotha: Klett-Perthes, S. 591-634.

Henningsen, D./Katzung, H. (2006⁷): Einführung in die Geologie Deutschlands. Heidelberg: Elsevier.

Int. AG Donauforschung (2004a): Gewässergüte der Donau und ihrer Nebenflüsse 1995 - Erläuterungen zur Gewässergütekarte. Wien: Internationale Arbeitsgemeinschaft Donauforschung.
<http://www.wwar.bayern.de/fluesse_und_seen/doc/gew_guete/donau/deu_1995.pdf> [abger. 27.06.11.]

Int. AG Donauforschung (2004b): Gewässergüte der Donau und ihrer Nebenflüsse 2002 - Erläuterungen zur Gewässergütekarte. Wien: Internationale Arbeitsgemeinschaft Donauforschung.
<http://www.wwar.bayern.de/fluesse_und_seen/doc/gew_guete/donau/deu_2002.pdf> [abger. 27.06.11.]

Keller, O. (2009): Als der Alpenrhein sich von der Donau zum Oberrhein wandte - Zur Umlenkung eines Flusses im Eiszeitalter. In: Schriften des Vereins für Geschichte des Bodensees und seiner Umgebung. Ostfildern, S. 193 - 208.

Klusacek, C./Stimmer, K. (1978): Die große Donauregulierung. Wien: stadt-wien.at
<http://www.stadt-wien.at/reisen/donau/donauregulierung.html> [abger. 27.06.11.]

Leever, K. A. et al. (2010): The evolution of the Danube gateway between Central and Eastern Parathetys (SE Europe): Insight from numerical modelling of the causes and effects of connectivity between basins and ist expression in the sedimentary record. In: Tectonophysics (2010).

Liebmann, H./Reichenbach-Klinke, H. (1967): Eingriffe des Menschen und deren biologische Auswirkung. In: Liepold, R. (Hrsg.) (1967): Limnologie der Donau. Stuttgart: Schweizerbart'sche Verlagsbuchhandlung, Lieferung 4, S. 1-25.

Meyer, R. K. F./Schmidt-Kahler, H. (1991): Wanderungen in die Erdgeschichte - Durchs Urdonautal nach Eichstätt. München: Verlag Friedrich Pfeil.

Munteanu, I. et al. (1996): Soils of the Danube Delta Biosphere Reserve. Lelystad: RIZA.

Pecsi, M., 1959. Formation and geomorphology of the Danube valley in Hungary. Budapest: Akademiai Kiado (in Hungarian with German summary).

Popescu, I. et al. (2004): The Danube submarine canion (Black Sea): morphology and sedimentary processes. In: Marine Geology, May 2004; 206 (1-4), S. 249 - 265.

Regierungspräsidium Tübingen (Hrsg.) (2009): Pflege- und Entwicklungsplan für das FFH-Gebiet 7920-342 „Oberes Donautal zwischen Beuron und Sigmaringen"und das VS-Gebiet 7820-401 „Südwestalb und Oberes Donautal" (Teilbereich). - Bearbeitet von P. L.Ö. G. (unveröffentlicht). <http://www.rp.baden-wuerttemberg.de/servlet/PB/show/1299957/rpt-56-7920-342-beiratfass.pdf > [abger. am 26.06.11]

Rothe, P. (2009[3]): Die Geologie Deutschlands - 48 Landschaften im Porträt. Darmstadt: Primus Verlag.

Rutte, E. (1987): Rhein, Main, Donau - Wie, wann, warum sie wurden. Sigmaringen: Thorbecke Verlag.

WRI (Hrsg.) (1998): Danube Watershed. Washington: World Resources Institute. <http://pdf.wri.org/watersheds_2000/watersheds_europe_p2_38.pdf > [abger. am 26.06.11]

Zepp, H. (2008^4): Geomorphologie. Paderborn: Schöningh.